U0249938

筑境

中国精致建筑100

佛塔与塔刹

吴庆洲 撰文 摄影 制图

中国建筑工业出版社

出版说明

中国是一个地大物博、历史悠久的文明古国。自历史的脚步迈入新世纪大门以来，她越来越成为世人瞩目的焦点，正不断向世人绽放她历史上曾具有的魅力和光辉异彩。当代中国的经济腾飞、古代中国的文化瑰宝，都已成了世人热衷研究和深入了解的课题。

作为国家级科技出版单位——中国建筑工业出版社60年来始终以弘扬和传承中华民族优秀的建筑文化，推动和传播中国建筑技术进步与发展，向世界介绍和展示中国从古至今的建设成就为己任，并用行动践行着"弘扬中华文化，增强中华文化国际影响力"的使命。从20世纪80年代开始，中国建筑工业出版社就非常重视与海内外同仁进行建筑文化交流与合作，并策划、组织编撰、出版了一系列反映我中华传统建筑风貌的学术画册和学术著作，并在海内外产生了重大影响。

"中国精致建筑100"是中国建筑工业出版社与台湾锦绣出版事业股份有限公司策划，由中国建筑工业出版社组织国内百余位专家学者和摄影专家不惮繁杂，对遍布全国有历史意义的、有代表性的传统建筑进行认真考察和潜心研究，并按建筑思想、建筑元素、宫殿建筑、礼制建筑、宗教建筑、古城镇、古村落、民居建筑、陵墓建筑、园林建筑、书院与会馆等建筑专题与类别，历经数年系统科学地梳理、编撰而成。本套图书按专题分册，就其历史背景、建筑风格、建筑特征、建筑文化，结合精美图照和线图撰写。全套100册、文约200万字、图照6000余幅。

这套图书内容精练、文字通俗、图文并茂、设计考究，是适合海内外读者轻松阅读、便于携带的专业与文化并蓄的普及性读物。目的是让更多的热爱中华文化的人，更全面地欣赏和认识中国传统建筑特有的丰姿、独特的设计手法、精湛的建造技艺，及其绝妙的细部处理，并为世界建筑界记录下可资回味的建筑文化遗产，为海内外读者打开一扇建筑知识和艺术的大门。

这套图书将以中、英文两种文版推出，可供广大中外古建筑之研究者、爱好者、旅游者阅读和珍藏。

目录

佛塔与塔刹

中国传统建筑艺术在世界建筑艺术之林独树一帜。在中国传统建筑艺术中，宗教建筑艺术又别具风采，而其中的佛教建筑艺术又格外引人注目。在佛教建筑艺术中，佛塔是最引人入胜的话题之一，而冠于其上的塔刹，更是富于宗教的文化的内涵，它是佛教世界的缩影，是佛国宇宙的象征。因此，称佛塔之刹为佛国的符号，是恰如其分的。

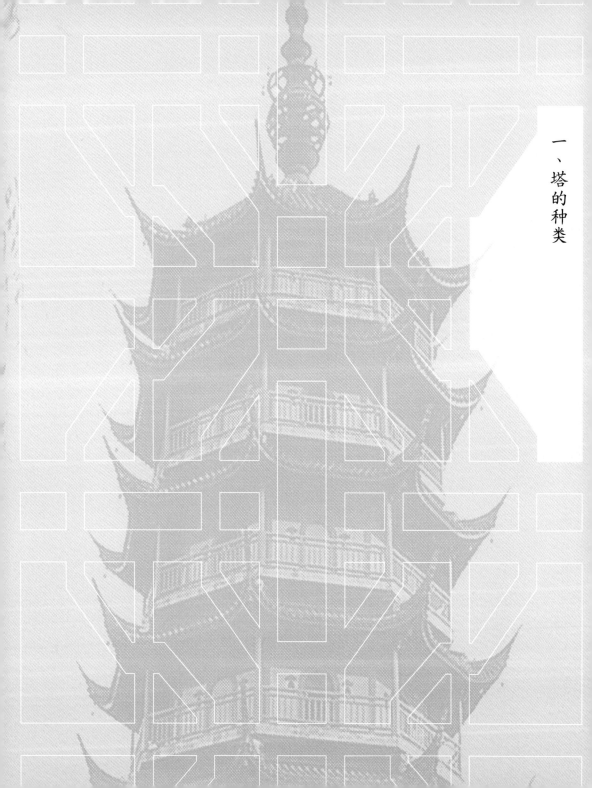

一、塔的种类

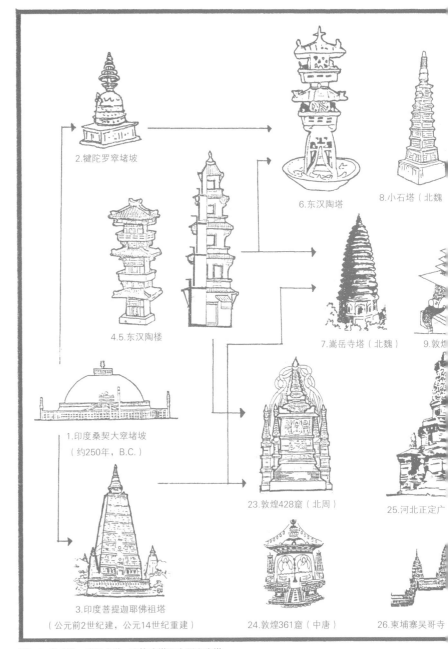

图1-1　亭式塔、楼阁式塔、密檐式塔和金刚宝座塔
各种形式的佛塔均由印度桑契大窣堵坡的原型演变而来。汉地亭阁式塔、
楼阁式塔和密檐塔的塔顶均冠以小型窣堵坡——塔刹
（资料来源：王世仁、理性与浪漫的交织。中国建筑美学论文集，中国建
筑工业出版社，1987；徐华铛，中国古塔，轻工业出版社，1986）

10.山东历城神通
寺塔（隋）

11.山西羊头山石塔
（唐）

14.南京栖霞寺塔
（五代）

15.应县佛宫寺塔
（辽）

17.河北正定开
元寺塔（宋）

18.泉州开元寺
塔（宋）

19.安阳天宁
寺塔（五代）

12.西安大雁塔（唐）

（隋）

13.西安小雁塔（唐）

16.大理崇圣寺塔（唐）

20.易县净觉
寺塔（辽）

21.北京天宁
寺塔（辽）

22.辽宁北镇崇兴
寺塔（辽）

27.昆明官渡金刚宝座塔（元）

29.北京真觉寺金刚宝座塔（明）

31.北京西黄寺清净化城塔（清）

塔（金）

12世纪建） 28.呼和浩特慈灯寺金刚宝座舍利塔（清）

30.北京西山碧云寺金刚宝座塔（清）

32.正觉寺金刚宝座塔

塔 的 种 类

◎筑境 中国精致建筑100

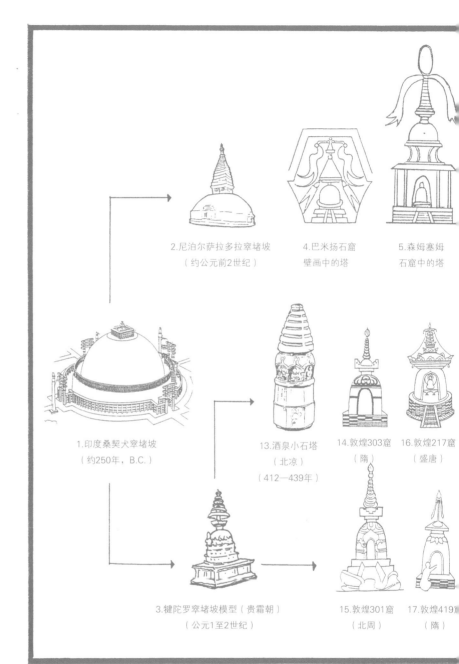

2.尼泊尔萨拉多拉窣堵坡
（约公元前2世纪）

4.巴米扬石窟
壁画中的塔

5.森姆塞姆
石窟中的塔

1.印度桑契犬窣堵坡
（约250年，B.C.）

13.酒泉小石塔
（北凉）
（412—439年）

14.敦煌303窟
（隋）

16.敦煌217窟
（盛唐）

3.犍陀罗窣堵坡模型（贵霜朝）
（公元1至2世纪）

15.敦煌301窟
（北周）

17.敦煌419窟
（隋）

图1-2 窣堵坡式佛塔

窣堵坡式佛塔在汉地有许多例子，藏传佛教佛塔（喇嘛塔）也属窣堵坡式佛塔。喇嘛塔的特
点是塔脖子上有"十三天"，这是与汉地窣堵坡式佛塔不同之处。这一特点的产生与尼泊尔
的佛塔有关系。

（资料来源：萧默，敦煌建筑研究，文物出版社，1989；常青，西域文明与华夏建筑的变迁，
湖南教育出版社，1992；方拥、杨昌鸣，闽南小型石构佛塔与经幢，古建园林技术41:56）

6.敦煌285窟
支窟（元）

7.北京妙应寺
白塔（元）

8.武昌胜象寺塔
（元）

9.镇江昭关石塔
（元）

10.北京护国
寺西舍利塔

11.北海白塔
（清）

12.甘肃夏河
拉卜楞寺白塔

敦煌23窟
盛唐）

20.榆林33窟
（五代）

22.敦煌61窟
（宋）

25.四川阆中滕
王阁石塔（唐）

27.湖北黄梅
众生石塔（唐）

29.泉州开元寺大
殿前石塔（明）

30.泉州开元寺大殿
北石塔（南宋）

敦煌31窟
盛唐）

21.榆林32窟
（五代）

23.敦煌61窟
（宋）

24.敦煌61窟
（宋）

26.湖北黄梅大
满禅师塔（唐）

28.桂林木龙
石塔（唐）

31.桂林万寿寺
舍利塔（明）

塔的种类很多，汉地佛塔数以千计，按其形式，可以归为如下六类。

1. 亭式塔： 为中国的亭式建筑上方冠以塔刹——小型窣堵坡的产物，但也有无塔刹的例子。

2. 楼阁式塔： 为中国式的楼阁上置窣堵坡缩型的产物。这类塔在我国数量最多。如苏州北寺塔、常州文笔塔等。

3. 密檐式塔： 这类塔的第一层特别高，以上各层骤然变低矮，各层檐紧密相连。这类塔在北方较多见，西南也可见到。比如大理三塔、大理佛图塔、大理弘圣寺塔、昆明东寺塔等。

图1-3 苏州北寺塔
原名报恩寺塔，高76米，八角形平面，九层。相传塔是三国吴孙权母吴夫人建造，现塔建于南宋绍兴年间（1131—1162年）。

图1-4 常州文笔塔／对面页
在常州市红梅公园内。原为宋太平寺古建筑之一，始建于宋太平兴国年间（976—983年）。塔为砖木结构，平面八角形，七层，高约48米。

4. 金刚宝座塔： 在平地筑高台基，台上中央建一大塔，四隅各建一小塔，这种塔的形制为金刚宝座塔。这是佛教密宗曼荼罗的一种形式，其中央的塔象征宇宙中心的须弥山，四隅的小塔象征须弥山的四小峰。这是一种佛国的宇宙图式。另外，五塔也象征五方佛。

我国目前约保存有十多座金刚宝座塔。现存最早的金刚宝座塔，应是新疆交河古城的土塔，建于十六国至唐末（304—907年）。其余金刚宝座塔多为明清所建，如昆明官渡金刚塔、北京真觉寺金刚宝座塔、湖北襄阳广德寺金刚宝座塔等。

5. 窣堵坡式塔： 藏传佛教佛塔，喇嘛塔属此类，多宝塔也是其中一类。

窣堵坡式佛塔，各地均有实例。现存这类佛塔以喇嘛塔为最多，如北京妙应寺白塔（元

图1-5 大理三塔
在云南大理县城西北崇圣寺，建于南诏保和年间（824—839年），均为砖塔。大塔名千寻塔，平面方形，空心，16层，高69.13米。两座小塔均为实心，八角形，10层，高42.19米。

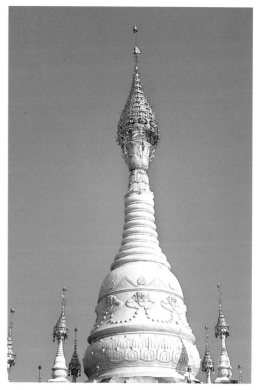

图1-6 大理佛图塔
原在佛图寺外，故称，俗称"蛇骨塔"。相传勇士段赤城
舍身灭妖蛇，息洱海水患，于是以蛇骨灰建塔镇之，名曰
"灵塔"。方形，13层，高41米。

图1-7 瑞丽姐勒大金塔
由一座主塔及十二座小塔组成，为曼荼罗图式。

图1-8 大理弘圣寺塔

在大理城西南1里弘圣寺旧寺内，建于南诏晚
期。又名一塔。砖石结构，平面方形，16层，
高约40米，密檐式空心塔。

图1-9 昆明东寺塔
在昆明市书林街常乐寺内。常乐寺又名东寺，故
塔称东寺塔。塔始建于唐，清光绪年间重建。平
面方形，13层，高40.57米，密檐式空心塔。

佛塔与塔刹　塔的种类

图1-10　新疆交河古城内的
金刚宝座塔
交河古城（十六国至唐末）
内有大型塔林，中央的一座
佛塔为金刚宝座塔，它巨大
的体量有如山岳，体现了佛
国宇宙的模式。

至元八年，1271年）、武昌胜象宝塔（元至正
三年，1343年）、镇江昭关石塔（元）、北京
北海白塔（清顺治八年，1651年）、扬州莲性
寺白塔（清乾隆年间，1736—1795年）、西宁
塔尔寺天文塔（民国31年，1942年）、甘肃夏
河拉卜楞寺大喇嘛塔（清康熙四十八年，1709
年）、云南宁蒗泸沽湖岛上白塔（民国）等。
在承德外八庙中，有数十座清代建的喇嘛塔，
如普陀宗乘之庙的五塔门（清乾隆三十二年，
1767年）、普宁寺的大乘阁前台塔（清乾隆
二十四年，1759年）、普乐寺阁城喇嘛塔（清
乾隆三十一年，1766年）等。

图1-11 昆明官渡金刚塔／上图
在昆明市官渡区，建于明天顺二年
（1458年）砖石高台基，下有十字形通
道，故又名穿心塔。五塔为喇嘛塔。

图1-12 北京真觉寺金刚宝座塔／下图
在北京市动物园后长河北岸，建成于明
成化九年（1473年）。下为金刚宝座，
上为五塔。正中的塔13层，高8米；四
隅的四塔均为11层，高7米。塔均为密
檐式。宝座南北正中有券门，内设过
室、回廊、塔室，正中为方形塔柱。

图1-13 襄阳广德寺金刚宝座塔/上图
又名多佛宝塔。建于明弘治七年（1494年）。下为八角形金刚宝座。
上建五塔。正中为喇嘛式塔，四隅六角形亭式塔，三重檐攒尖屋顶。
是藏汉结合的金刚宝座塔。

图1-14 北京妙应寺白塔/下图
在北京阜成门妙应寺内，由尼泊尔的阿尼哥主持，建于元至元八年
（1271年）。十三天上为华盖，上为小窣堵坡状镏金铜塔刹。

图1-15 武昌胜象宝塔

在武昌蛇山西端的黄鹤矶头。建于元至正三年（1343年）。宝塔均用石造。

图1-16 镇江昭关石塔/上图

在江苏镇江市云台山麓的北坡上，为过街塔。形制与武昌胜象宝塔相似，应为元代所建。

图1-17 北京北海白塔/下图

在北海公园琼华岛之巅。建于清顺治八年（1651年）。造型秀丽，瓶身上有眼光门。十三天上为天地盘，日月火焰刹。

图1-18 扬州莲性寺白塔/左图
在扬州瘦西湖畔的莲性寺内。建于清乾隆年间（1736—1795年）。十三天上为华盖，上以铜葫芦为塔刹。

图1-19 西宁塔尔寺天文塔/右图
在青海西宁塔尔寺内。又称时轮大塔。建于民国31年（1942年），高13米，周长36米。金色十三天颇粗壮，上为金色伞盖、日月、宝珠。第二层基座上建有8座小塔。

佛塔与塔刹

塔的种类

筑境 中国精致建筑100

图1-20 甘肃夏河拉卜楞寺大喇嘛塔
建于清康熙四十八年（1709年）。又称白塔。
塔顶相轮比例瘦长，上为伞盖，最上为日月，
宝珠刹。

图1-21 泸沽湖岛上的白塔/上图
云南宁蒗县泸沽湖一带居住的摩梭人信奉喇嘛教。
此塔建于泸沽湖中一岛上，为民国时建造的。

图1-22 普陀宗乘之庙的五塔门/后页
在河北省承德市。建于清乾隆三十二年（1767
年），为过街塔。五座喇嘛塔，形式各异，象征佛
教中的五个教派：红塔为小乘派；绿塔为密宗的一
派；黄塔为密宗；白塔为显宗；黑塔为自成佛派。

筑境　中国精致建筑100

图1-23 普宁寺大乘阁前台塔

在承德普宁寺大乘阁前。建于清乾隆二十四年
（1759年）。其特点是将一般喇嘛塔的瓶身变为
二层塔肚，上仍为十三天、伞盖及日月宝珠刹。

图1-24 普乐寺阇城喇嘛塔/左图

在承德普乐寺阇城（坛城），建于清乾隆三十一年（1766年）。台上四角和四面的中点各建琉璃喇嘛塔一座，形制相同，均有塔耳，但四角为黄色，东、西、南、北各面中部分别为紫、黑、青、白四色。

图1-25 潮州开元寺宝箧印经石塔/右图

在广东潮州开元寺大雄宝殿月台前庭院。高4.2米，石构。塔身为方形石柱，塔顶四角为蕉叶形插角。塔刹为七重相轮，上为一宝珠。石塔仅塔身一方石为原石，余为1983年重雕补全。

6. 阿育王塔： 亦称宝箧印经式塔，为供奉佛舍利的专门形制。

这类塔数量不多，现存实例有潮州开元寺宝箧印经石塔（明代）和佛山祖庙释迦文佛塔（清雍正十二年，1734年）等。

以上，我们略为展示了佛塔式样和塔刹形态的丰富和多样，可以说是琳琅满目，美不胜收。

为了深入地研究塔刹，揭示其文化和哲理的内涵，研究其特色和演变的规律，我们必须沿着历史的长河追溯而上，探求其文化的渊源。因此，有必要研究佛塔的起源。

图1-26 佛山祖庙释迦文佛塔
在广东佛山祖庙内。建于清雍正九年（1731年），铁铸。嘉庆四年（1799年）增修。塔高一丈八尺，重约3500公斤，内藏舍利及佛家法物。原置佛山著名古刹经堂寺内。

二、佛塔的起源

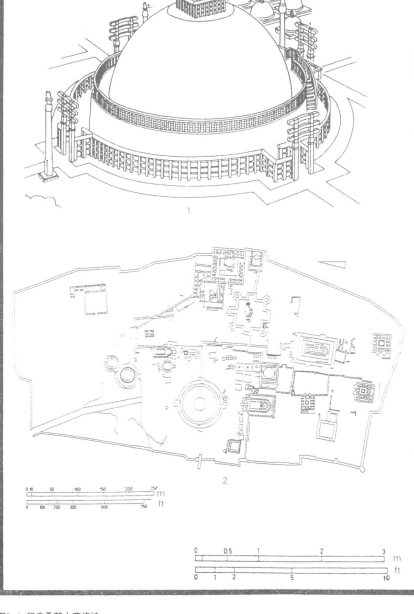

图2-1 印度桑契大窣堵坡

在印度桑契，由阿育王（约前268—前232年在位）在现址上建造，公元前
2世纪中叶扩建成现规模。它是一种佛国宇宙的图式。（资料来源：Henri
Stierlin.Encyclopædia of World Architecture. Macmillan Press Ltd., London）

1. 大窣堵坡　2. 寺庙总平面　3. 栏杆细部　4. 塔门（陀兰那）的雕刻　5. 阿育王柱的上部

佛塔，印度称为"窣堵坡"，或"塔婆"，窣堵坡为梵文"stūpa"的音译，巴利文称"Thūpa"，译为"塔婆"，原意均指"坟冢"。印度《梨俱吠陀》（约前1500年）中，已有"窣堵坡"的名称。故史家认为窣堵坡是从印度史前文化巨石古墓式的葬丘或坟冢演化而来，属于收藏圣者舍利（即遗骨等物）的纪念性建筑物。也有人认为窣堵坡是对中亚远古民族坟丘习俗的传承。在古印度吠陀时期（约前1500—前600年），诸王死后均建窣堵坡。古代婆罗门教和耆那教也有窣堵坡崇拜。由上可见，窣堵坡并非佛教专用的建筑形式。

佛教的创始人释迦牟尼（约前565—前486年）35岁在伽耶的一棵菩提树下悟道，被尊称为"佛陀"（觉悟者），后漫游于恒河流域诸国说法。80岁圆寂。相传其遗体火化后的遗骨（即佛舍利）等由八个国王分取，建八座窣堵坡供养。阿育王统一印度后，以佛教为国教，并取出八座窣堵坡的舍利敕建八万四千座窣堵坡分别收藏。

图2-2 信徒绕南充白塔巡礼

按常规，信徒按顺时针方向绕塔巡礼。但这些
信徒按逆时针方向绕塔巡礼，如何解释？

筑境 中国精致建筑100

印度的桑契大塔由阿育王（约前268—前232年在位）在遗址上建造，当时直径18.3米，高7.6米。公元前2世纪中叶，扩建大塔，顶上增修了一个方形围栏和三层伞盖，塔直径达36.6米，高约16.5米，形成现在的规模。公元前1世纪晚期至公元1世纪初，又修建了南、北、东、西四座砂石的塔门（陀兰那）。

桑契大窣堵坡是一种宇宙图式，有着深厚的文化内涵和多种象征意义。

大窣堵坡的半球形的覆钵"安达"，梵文原义为卵，象征孕育宇宙的金卵。按照印度创世神话，水中漂浮的金卵中诞生了万物的始祖——大梵天，他将全卵之壳一分为二，上半部成了苍天，下半部变成大地。半球体也是"世界山"的象征，即佛国宇宙之须弥山的象征。大窣堵坡的四道门通向宇宙的四方。方形围栏和伞盖是从古代印度的圣树崇拜衍化而来。伞盖立于半球体的中央，象征世界之树。佛陀在菩提树下悟道，因此，这世界之树即菩提树。而在最初的佛学图画里，菩提树即佛陀的象征。伞盖之轴即世界之轴。菩提树也是生命之树，树神崇拜是印度生殖崇拜的古老习俗。古印度达罗毗荼人有在树和人之间举行神秘婚礼的习俗，目的是加强妇女的生育能力。达罗毗荼人还有在树与树之间搞婚嫁，种"夫妻树"以促进妇女的生育力的习俗。树在性的象征方面具有两重性，可以同时象征男根和子宫。而作为世界之轴的世界之树，它是男根的象征。伞的三层伞盖代表佛教的三件宝：佛、法、僧。

在半球体正中立伞盖，伞盖象征世界之轴和世界之树，也象征男根；而覆钵则象征创生宇宙之金卵或子宫；伞轴正下方通常埋藏佛舍利，它象征变现万法的种子——在生殖崇拜文化中，它是生命的种子——精液的象征；在太阳崇拜文化中，它是太阳光的象征，阳光即是生命的种子。窣堵坡中埋佛舍利，即宇宙的子宫中有了变现万法的种子，象征佛教的昌盛、繁荣和发展，从而成为支撑宇宙的世界之树。

从以上阐释中，可知窣堵坡崇拜并非佛教所独有。印度自古即有以生殖崇拜为内涵的圣树崇拜传统，但由于佛陀在菩提树下悟道，使这圣树崇拜的古老传统有了新的内涵而得以承传，因而佛教的窣堵坡的覆钵上出现了方形围栏和伞。这伞状物象征世界山中央的世界之轴和世界之树，它就是后世佛塔的相轮。婆罗门教、耆那教虽建窣堵坡，但其上无相轮，因此，相轮成为标志佛教窣堵坡的独特符号。

信徒朝拜窣堵坡的路线是从东门进入围栏内，按顺时针方向绕塔巡礼，这样就与太阳运行的轨道（东、南、西、北）一致，与宇宙的律动和谐。信徒绕塔巡礼的方向路线继承了古印度太阳崇拜的传统，当时婆罗门每天都执行日出、中午、日落之三次宗教仪式，东门为朝拜绕行仪式的起点，顺时针依次经过南、西、北各门。

　　笔者1993年考察四川南充白塔时，见信徒绕塔巡礼，但行进路线却是逆时针方向。《世界文化象征辞典》（法国让·谢瓦利埃等编）一书中说："在一般情况下，绕行的中心往往都在右面，就是说，从北半球的角度看，它都是朝着和太阳运行一致的方向进行的。在印度、西藏和柬埔寨都是如此。""在密宗里，右边的路通向东方和春天；左边的路通向西方和秋天；这是相反的两股宇宙力。"四川南充信徒巡塔路线是否受密宗影响？尚难定论。

三、佛塔的传播

佛塔的传播与佛教的传播相关。印度孔雀王朝第三代皇帝阿育王为佛教的兴盛和传播立下不朽之功勋。他大力宣扬佛教，在印度各地敕建了30余根独石圆柱，即阿育王柱宣扬佛法。他即位的第十七年，在华氏城命人召集主持佛教第三次集结，然后派遣传教师去四方传布佛教，把佛教传到古印度各地和毗邻国家，其传教使者甚至远达叙利亚、埃及和希腊等地。最后，佛教成为亚洲占统治地位的宗教，而亚洲各国的佛塔也多姿多彩：

1. 斯里兰卡的佛塔

斯里兰卡，旧名"锡兰"，其佛教为南传上座部佛教之一，其佛塔以窣堵坡形式为主，但规模一般较大。其形制有两种倾向：一是半球体有拉长成钟形的倾向，二是相轮数目增多，远多于13层，甚至达25层。

2. 泰国的佛塔

泰国古称暹罗，信仰上座部佛教。其佛塔有"帕·斋滴"（phra chedi）和"帕、邦"（phra prang）两种主要类型。其中，"帕"为表示"崇高"的敬语。斋滴形态各别，但主要由基座、钟形塔身、塔脖子和伞尖（塔刹）四部分组成。其相轮有时以莲瓣圆环取而代之，塔刹的中部和顶部各有一颗宝珠，环绕塔尖有一串闪光的薄片。

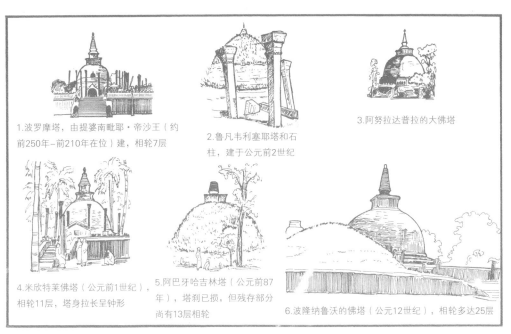

1. 波罗摩塔，由提婆南毗耶·帝沙王（约前250年–前210年在位）建，相轮7层

2. 鲁凡韦利塞耶塔和石柱，建于公元前2世纪

3. 阿努拉达普拉的大佛塔

4. 米欣特莱佛塔（公元前1世纪），相轮11层，塔身拉长呈钟形

5. 阿巴牙哈吉林塔（公元前87年），塔刹已损，但残存部分尚有13层相轮

6. 波隆纳鲁沃的佛塔（公元12世纪），相轮多达25层

图3-1 斯里兰卡佛塔

斯里兰卡佛教为南传上座部佛教之一，其佛塔保持了印度窣堵坡的主要特征，但半球体出现拉长成钟形的倾向，相轮数月增多。

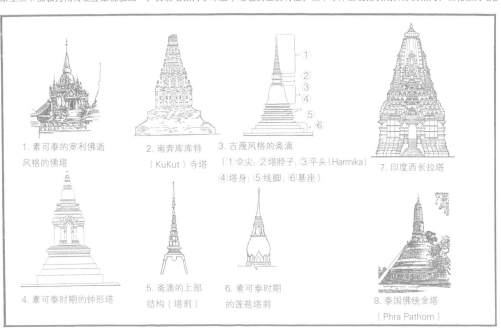

1. 素可泰的室利佛逝风格的佛塔

2. 南奔库库特（KuKut）寺塔

3. 吉蔑风格的斋滴
（①伞尖；②塔脖子；③平头（Harmika）④塔身；⑤线脚；⑥基座）

7. 印度西长拉塔

4. 素可泰时期的钟形塔

5. 斋滴的上部结构（塔刹）

6. 素可泰时期的莲苞塔刹

8. 泰国佛统金塔（Phra Pathom）

图3-2 泰国的佛塔

泰国佛塔分为斋滴和邦两类。斋滴由窣堵坡演变而成，邦则由印度教西卡拉塔演变而成。

（资料来源：郭湖生主编，杨昌鸣著，东方建筑研究（下）。天津大学出版社，1992）

佛塔邦源于印度教的西卡拉塔。其平面方形，基座很高，上部如玉米棒子，最上部刹尖形如三叉戟，曾是湿婆的象征符号。

3. 柬埔寨的佛塔

柬埔寨以上座部佛教为国教。9—12世纪，佛教与印度教在此并行不衰，世界著名的吴哥古迹即为两教混合的宗教艺术瑰宝。其中，吴哥寺建于12世纪，其平面有如大小四个"口"字相叠套，形成里外三层。中心大塔高出地面65米,四隅各一小塔，为金刚宝座塔形制，象征宇宙中心的须弥山，有一主峰和四小峰。其外第二层台基四隅又各有一塔，代表佛的"四智"。这是个佛国宇宙的图式。

4. 印度尼西亚的佛塔

印度尼西亚在8—9世纪盛行大乘佛教和印度教混合的密教，建起了世界闻名的婆罗浮屠。

婆罗浮屠位于爪哇中部一个山丘上，梵文意为"山丘上的佛塔"。它是一个立体的曼荼罗，也是世界上最大的佛塔。塔基边长112米，上有面积依次递减的5层方形台，上面又有依次递减的三层圆形台，直径分别为51、38、26米，顶部为一巨大的窣堵坡。环绕它，三层圆形层分别有32、24和16座小窣堵坡，共72座。每座塔内置转轮法印佛坐像，据说这象征着胎藏界。整个建筑象征地体现了大乘

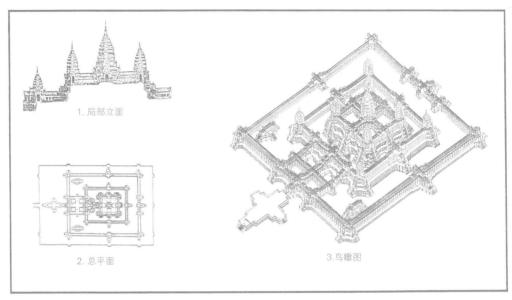

1. 局部立面

2. 总平面

3. 鸟瞰图

图3-3 柬埔寨吴哥寺

为世界著名的宗教艺术瑰宝吴哥古迹之一。其中央为金刚宝座塔形刹，构图象征着佛国宇宙。

（资料来源：Christopher Hill, FBA, DLitt. History and Culture 1. Mitchell Beazley Encyclopaedias Limited. 1977. London）

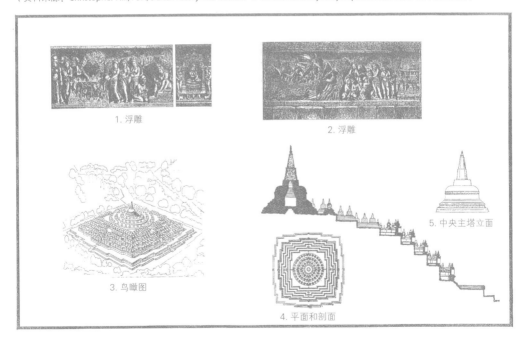

1. 浮雕

2. 浮雕

3. 鸟瞰图

4. 平面和剖面

5. 中央主塔立面

图3-4 印度尼西亚婆罗浮屠（Borobudur）（9世纪初）

婆罗浮屠建于9世纪初，是世界宗教艺术瑰宝。这是一个立体曼荼罗，体现了大乘佛理。

［资料来源：Harmsworth History of the World. Carmelite House, London, 1907,同济大学，南京工学院合编，外国建筑史图集（古代部分），1978］

佛理。渐次升高的十层，象征菩萨成佛前的十地。塔底代表欲界，此界中人们摆脱不了各种欲望；五层方台代表色界，此界中人们已摒弃各种欲望，但仍有名有形；三层圆台和大圆顶代表无色界，此中人不再有名有形，永脱尘世桎梏。

5. 缅甸的佛塔

缅甸以上座部佛教为国教。其佛塔由四个部分组成：a.平面为方形的砖石平台；b.一个很高的底座，平面为多边形；c.钟形塔身；d.圆锥形塔尖，上冠以伞状塔刹。此外，有些塔的形式有所变化，如用在底部的半球形穹隆引导出钟形塔身，或用圆柱体取代多边形的底座等，以及圆锥形塔、球形塔以及鳞茎形塔等。

6. 云南傣族的佛塔

我国云南傣族信奉南传上座部佛教，由缅甸于7世纪中叶传入。傣族佛塔一般由塔基、塔座、塔身和塔刹四个部分组成。塔基为砖平台。塔座多为须弥座的形式，有的呈阶梯形。其四隅多有神蛇、瑞兽的雕塑或其他装饰物。其平面有方、上角、八角、圆、折角"亞"字形等多种形状。塔身有覆钟式和叠置式两类。塔刹由莲座、相轮、刹杆、华盖、宝瓶、风铎等组成。

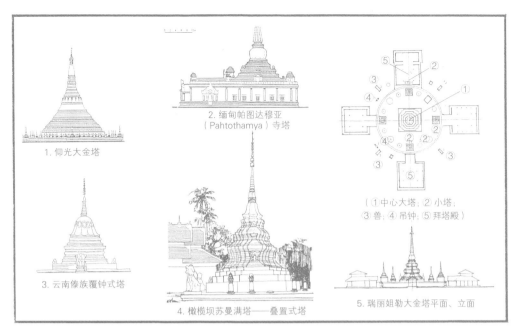

1. 仰光大金塔

2. 缅甸帕图达穆亚
（Pahtothamya）寺塔

3. 云南傣族覆钟式塔

4. 橄榄坝苏曼满塔——叠置式塔

（①中心大塔；②小塔；
③兽；④吊钟；⑤拜塔殿）

5. 瑞丽姐勒大金塔平面、立面

图3-5 缅甸和云南傣族的佛塔/上图
缅甸以上座部佛教为国教，佛塔别具
一格。傣族佛教由缅甸传入，佛塔也
有相似之处。（资料来源：杨昌鸣，
东方建筑研究，下，天津大学出版
社，1992；云南省设计院、云南民
居，中国建筑工业出版社，1986）

图3-6 缅甸佛塔/左图
该佛塔位于缅甸南坎，具有缅甸佛塔
的典型特征：钟形塔身，有很高的底
座，圆锥形的塔尖，伞状塔刹。

图3-7 缅甸佛塔塔刹
其塔刹由华盖、莲座、相轮、刹杆、宝珠等组成。

图3-8 潞西芒市的一座傣族佛塔/对面页
这是一座典型的傣族佛塔，塔身的叠置式，中央为大塔，周围有若干小塔环绕。

瑞丽姐勒大金塔由一座主塔及十二座小塔组成，为一曼荼罗图式。其中央主塔象征宇宙中心的须弥山，四座较大的小塔象征四大部洲，八座较小的小塔象征八小部洲，另外四座小塔象征四天王天。圆形塔座象征世界的边缘。

7. 尼泊尔的佛塔

尼泊尔是佛祖的诞生地。尼泊尔的佛塔有两种，一种是窣堵坡，另一种是直坡顶楼阁式塔。

尼泊尔萨拉多拉窣堵坡是在桑契大塔的原型上发展的一个新形式，其半球体上出现了方

形的塔脖子，它应是由方形围栏演变而得。塔脖子的四面各有一双大眼睛，双眼下有一红色问号形符号。塔脖子上出现了十三层方块体，层叠而上，它应是后世喇嘛塔十三天之滥觞。再上面为华盖，最上为一小型窣堵坡作为塔刹。

8. 藏传佛教佛塔（喇嘛塔）

藏传佛教，俗称喇嘛教，主要在中国藏族地区形成和发展，并主要传播于中国的藏、蒙古、土、裕固、纳西等族地区以及不丹、锡金、尼泊尔、蒙古人民共和国和原苏联的布里亚特等地。

喇嘛塔是从印度窣堵坡发展变化而来。其特点是基座升高，半球体拉长成瓶状，上为塔脖子、十三天、塔刹。其塔脖子上的十三天是喇嘛塔所独有的，是其特色。但这式样在尼泊尔早已出现，这与中尼佛教文化交流密切有关，元代尼泊尔匠师阿尼哥到西藏和北京建佛塔，是喇嘛塔以早在尼泊尔流行的"十三天"为其形制的重要原因。

图3-9 傣族佛塔佛龛和小塔/对面页
佛塔的佛龛是以傣族的吉祥动物——孔雀为上部装饰的。
小塔也是叠置式塔身。

我国目前已知最早的喇嘛塔为桂林木龙洞石塔，塔身为瓶状，上有十二层相轮，加上伞盖，合"十三天"之数，上为葫芦刹。塔位于木龙洞外临江岩之上。宋人谭舜臣在临江岩的题名石刻中云："嘉祐癸卯……下临江岩，参唐佛塔。"加上塔身纹饰和塔座所用双莲瓣，皆唐代常用题材，可证其为唐塔无疑。

9. 汉地佛塔

传入中国的佛教，因传的时间、途径、地区和民族文化、社会历史背景的不同，形成三大系，即前面已介绍过的云南地区的上座部佛教（巴利语系）、藏传佛教（藏语系），还有汉地佛教（汉语系）。

图3-10 傣族佛塔塔刹
这是大塔旁的小塔。塔座为须弥座，上为金属叠置式塔身，上为塔刹，它由莲座、相轮、刹杆、华盖、宝瓶、风铎等组成。

图3-11 晨雾中的姐勒大金塔

姐勒大金塔在云南省瑞丽市勐卯镇东南，始建于清同治年间（1862—1874年）。由大小17座金塔组成，为一佛国宇宙图式。美丽的大金塔在晨雾中披上了一层神秘的面纱。

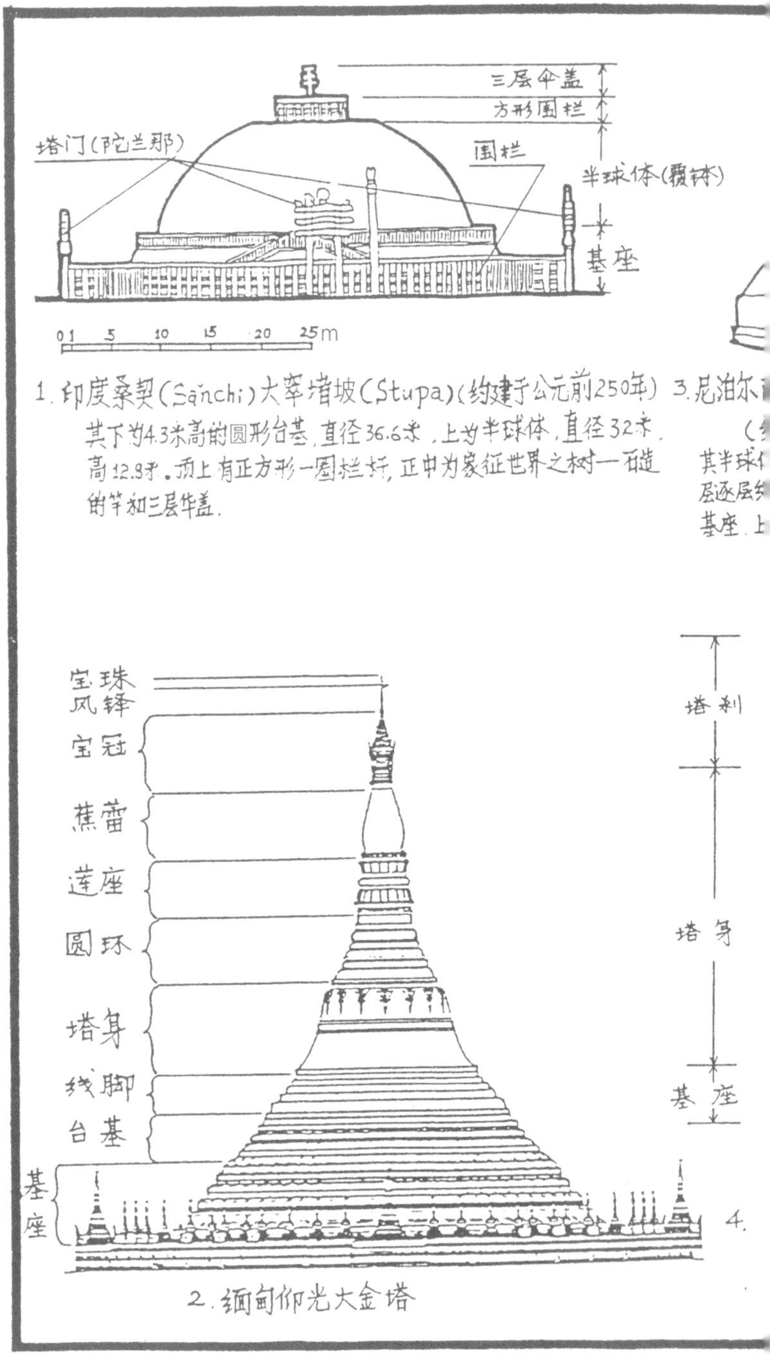

筑境
中国精致建筑100

1. 印度桑契(Sānchi)大窣堵坡(Stupa)(约建于公元前250年)
其下为4.3米高的圆形台基,直径36.6米,上为半球体,直径32米,高12.9丈,而上有正方形一圈栏杆,正中为象征世界之树一础的竿加三层华盖.

3. 尼泊尔
（
其半球仕
层逐层
基座 上

宝珠
凤铎
宝冠
蕉蕾
莲座
圆环
塔身
残脚
台基
基座

塔刹
塔身
基座

2. 缅甸仰光大金塔

4.

图3-12 塔的构造、各部分名称
本图将各类塔的构造,各部分名称加以指示,以利于对佛塔和塔刹的了解。

塔刹
十三天
塔脖子
半球体
基座

拉幸堵坡(Saladhola Stupa)
元前2世纪)
圭塔的假门,顶上有一个塔,出十三
方体叠成,外郭呈曲线。塔下有

宝珠
十三天
塔脖子
宝瓶
线琍耳环球
须弥座
须弥座
上枋
上枭
束腰
下枭
下枋
地栿

0   1   2   3m

5. 喇嘛塔各部分名称
(图中为北京护国寺刚舍利塔
摹自《刘敦桢文集》二.240页)

塔刹
宝盖流苏
十三天
塔脖子
瓶身
金刚圈
覆莲座
须弥座
须弥座
台基

0 1   5   10m

6. 喇嘛塔各部分名称
(图中为北京妙应寺白塔)
[元至元十六年(1279年)建]

层石塔(楼阁式)
山西朔县崇福寺
北魏天安元年
(公元466年)

眼光门

火焰
日
天盘   三月
地盘
十三天
仰莲
塔脖子
瓶身
金刚圈
须弥座

7. 喇嘛塔各部分名称
(图中为北京北海白塔 清顺治八年(1651年建)

塔刹
塔身
基座
地宫

舍利函

8. 塔的主要构造示意图

　　大约在公元前后，佛教由印度经西域传入中国汉族地区。我国第一座佛寺为洛阳白马寺，建于东汉永平十一年（68年）。据《魏书·释老志》记载，白马寺的浮屠（佛塔）"为四方式"，与印度窣堵坡显然不同。又据《三国志·吴志·刘繇传》："（笮融）乃大起浮屠祠……垂铜槃九重，下为重楼阁道，可容三千余人。"同一事，《后汉书·陶谦传》云："（笮融）大起浮屠寺，上累金盘，下为重楼。"由记载可知，我国早期的佛塔乃是在中国式的楼阁之上，冠以"金盘"，即有相轮的窣堵坡缩型而成。

　　这种做法并非中国的创举。约在公元前1世纪，犍陀罗建筑中已出现在亭式建筑上加置一个窣堵坡缩型，出现亭式塔。后来，又出现在楼阁上加置小窣堵坡，出现楼阁式塔。当时我国东汉楼阁式建筑流行，佛教传入后，照此办理是顺理成章的。东汉明器中已有一层相轮的陶塔。这种仅一层相轮的塔也见于敦煌壁画中。

　　佛教传入中土两千年来，汉族地区出现了成千上万座佛塔，如前已述，可以归为亭式塔、楼阁式塔、密檐式塔、金刚宝座塔、窣堵坡式塔、阿育王塔六类。

四、我国早期的佛塔塔刹的形制

若以隋以前的佛塔算作我国早期的佛塔，则其塔刹也属早期塔刹的形式。

隋以前的塔，现存实物不多，有北魏平城石塔（造于北魏天安元年，466年）、登封嵩岳寺塔（建于北魏正光元年，520年）、济南神通寺四门塔（建于隋大业七年，611年），云冈二窟浮雕塔（北魏）及敦煌428窟壁画中的金刚宝座塔（北周）、河南安阳道凭法师双石塔（北齐）、安阳宝山区塔形龛隋塔也是早期塔的重要资料。敦煌61窟的《五台山图》虽为宋初所绘，但图中所表现的，却是唐会昌五年（845年）以前五台山的状况。图中所绘佛塔与现存唐塔相比，似更显古朴。梁思成先生所录敦煌壁画中的塔，亦与《五台山图》中的塔有类似之处。河南安阳宝山灵泉寺塔形龛的唐塔建自初唐贞观至开元年间（627—741年），是中唐以前的作品，风格虽趋于绚丽，塔刹仍比现存唐塔更接近其窣堵坡原型。以上均可供研究早期塔刹形制时借鉴。

总的来说，我国早期塔刹，都较忠实于窣堵坡之原型，一般都有基座、覆钵、相轮这三个由窣堵坡原型演变而得的基本部分，另外也出现了中国佛塔塔刹的特有的构件，如山花蕉叶（即受花）、仰月、火焰等。

1. 基座： 由窣堵坡原型的台基演变而得，多为须弥座形式。

早期塔刹多有须弥座。平城石塔的塔刹之

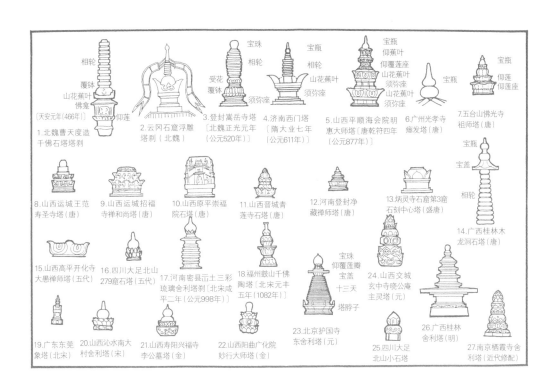

相轮
覆钵
山花蕉叶
佛龛
仰莲
〔天安元年（466年）〕

1.北魏曹天度造千佛石塔塔刹

2.云冈石窟浮雕塔刹（北魏）

宝珠
相轮
受花
覆钵
须弥座

3.登封嵩岳寺塔〔北魏正光元年（公元520年）〕

宝瓶
相轮
山花蕉叶
须弥座

4.济南西门塔〔隋大业七年（公元611年）〕

宝瓶
仰蕉叶
仰覆莲座
须弥座
山花蕉叶
须弥座
山花蕉叶
须弥座

5.山西平顺海会院明惠大师塔〔唐乾符四年（公元877年）〕

宝瓶

6.广州光孝寺瘗发塔（唐）

宝瓶
仰莲
仰莲座

7.五台山佛光寺祖师塔（唐）

8.山西运城王范寿圣寺塔（唐）

9.山西运城招福寺禅和尚塔（唐）

10.山西原平崇福院石塔（唐）

11.山西晋城青莲寺石塔（唐）

12.河南登封净藏禅师塔（唐）

13.炳灵寺石窟第3龛石刻中心塔（盛唐）

宝瓶
宝盖
相轮

14.广西桂林木龙洞石塔（唐）

15.山西高平开化寺大愚禅师塔（五代）

16.四川大足北山279窟石塔（五代）

17.河南密县出土三彩琉璃舍利塔刹〔北宋咸平二年（公元998年）〕

18.福州鼓山千佛陶塔〔北宋元丰五年（1082年）〕

宝珠
仰覆莲瓣
宝盖
十三天
塔脖子

24.山西交城玄中寺晓公庵主灵塔（元）

19.广东东莞象塔（北宋）

20.山西沁水南大村舍利塔（宋）

21.山西寿阳兴福寺李公墓塔（金）

22.山西阳曲广化院妙行大师塔（金）

23.北京护国寺东舍利塔（元）

25.四川大足北山小石塔

26.广西桂林舍利塔（明）

27.南京栖霞寺舍利塔（近代修配）

图4-1 砖石质塔刹／上图
图中有自北魏至近代的砖石质塔刹27例。砖石质塔刹民族化的演变在唐代已大体完成。唐以后的砖石质塔，虽仍有一些略存古意者，但大多已无复有窣堵坡的形象了。

图4-2 敦煌428窟所画的金刚宝座塔（北周）／左图
图中建筑有斗栱，可见此塔已是中国化了的佛塔。（摹自萧默《敦煌建筑画》，载《美术史论》丛刊1983年2期）

须弥座位于佛龛之下，云冈二窟浮雕塔、嵩岳寺塔、济南四门塔的塔刹均有基座。敦煌428窟所画的金刚宝座塔塔刹无须弥座，河南安阳宝山灵泉寺塔林的北齐、隋、唐塔的塔刹及《五台山图》、梁思成先生所录敦煌画中的佛塔亦多无基座。

2. 山花蕉叶：不见于印度的窣堵坡，应是中国塔刹特有之物，由中国屋盖脊饰演变而得。

我国现存最早的塔为北魏平城石塔，其刹上置一佛龛，山花蕉叶即为其屋盖脊饰。敦煌428窟所画的金刚宝座塔，每塔均有两层山花蕉叶，下一层山花蕉叶无疑即是塔之屋盖脊饰。主塔下一层山花蕉叶由花瓣状曲线及雉堞状线组合而成，对照东汉脊饰，其演变线索甚为明显，是由武梁祠石刻脊饰及哈佛大学所藏汉明器脊饰两种形式结合演变而得。主塔上一层山花蕉叶置于相轮之下，呈雉堞状，其余四塔则上下二重山花蕉叶均呈雉堞状，与平城石塔山花蕉叶形态相同，都应是从脊饰演变而得。

早期塔刹的山花蕉叶多为一层，或置于覆钵之下，或置于相轮之下。然而，也有一些塔刹有二重山花蕉叶，如北周壁画中的金刚宝座塔、《五台山图》所画的"四五塔"、敦煌117窟中的二层石塔、70窟中的四门式石塔、河南安阳宝山区52号塔、86号塔、104号塔、110号塔、103号塔、岚峰山区34号塔、54号塔均为例子。

3. 覆钵：即印度窣堵坡原型中的半球钵。

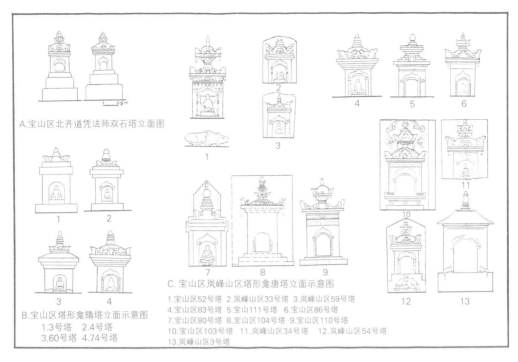

A.宝山区北齐道凭法师双石塔立面图

B.宝山区塔形龛隋塔立面示意图
1.3号塔　　2.4号塔
3.60号塔　4.74号塔

C.宝山区岚峰山区塔形龛唐塔立面示意图
1.宝山区52号塔　2.岚峰山区33号塔　3.岚峰山区59号塔
4.宝山区83号塔　5.宝山111号塔　6.岚峰山区86号塔
7.宝山区80号塔　8.宝山区104号塔　9.宝山区110号塔
10.宝山区103号塔　11.岚峰山区34号塔　12.岚峰山区54号塔
13.岚峰山区3号塔

图4-3 河南安阳宝山灵泉寺塔林的北齐、隋、唐塔及塔刹

河南安阳宝山灵泉寺塔林的北齐、隋、唐塔的研究成果，为塔和塔刹的研究提供了极其珍贵的实物资料。（摹自河南省古代建筑保护研究所：“河南安阳宝山灵泉寺塔林”，《文物》1992年第1期）

　　我国早期塔刹中几乎都有覆钵，只是有的以莲瓣等加以装饰、美化而已。值得注意的是，《五台山图》中的塔刹有二层覆钵的做法，河南安阳宝山灵泉寺唐塔中也有这样的例子。

　　4. **相轮**：由印度窣堵坡的具有象征意义的世界之树——围栏和圆形伞状华盖演变而得。

　　中国早期佛塔的塔刹几乎都有相轮。相轮的层数多为奇数。早期塔刹的相轮有一层的、三层的、五层的、七层的、九层的多种。

　　据《洛阳伽蓝记》记载，建于北魏熙平二年（517年）的永宁寺塔"宝瓶下有承露金盘三十重，周匝皆垂金铎"，这里的"承露金

佛塔与塔刹

我国早期的佛塔塔刹的形制

筑境　中国精致建筑一〇〇

图4-4 敦煌壁画《五台山图》中所绘的塔
图中所绘为唐会昌五年（845年）以前的佛塔，
但其形制较现存唐塔更为古朴。（摹自宿白"敦
煌莫高窟中的《五台山图》"一文插图，《文物
参考资料》第2卷第5期）

盘"即相轮无疑。相轮为30重，一是多得惊人，二是数目为偶数，颇疑记载有误。据范祥雍先生校注："三宝记、内典录、续僧传、释教录、北山录皆作'一十一重'。"若是11重，则比较合乎实际，11重相轮的塔刹也是罕见的。

5.宝盖：见于尼泊尔萨拉多拉窣堵坡，非中国塔刹特有之物，我国的喇嘛塔多有宝盖（华盖），即源于此。敦煌画中的塔亦有部分有宝盖。现存隋以前的塔刹均无宝盖。

6.仰月：不见于印度窣堵坡，见于北周窟所画金刚宝座塔，应为我国塔刹特有之物。

1.武梁祠石刻脊钟

2.汉明器脊饰（哈佛大学藏）

1.四层木塔（117窟）　2.二层石塔（117窟）　3.印度式塔（117窟）

4.上木下石塔（117窟）5.四门式石塔（70窟）　6.圆肚塔（135窟）

图4-5 敦煌画中的几种佛塔/左图
图中所绘佛塔，均有较现存唐塔更古朴的特点。（摹自梁思成《敦煌壁画中所见的中国建筑》《梁思成文集》（一）第14页）

图4-6 汉代脊饰/上图
汉代脊饰资料与塔刹上山花蕉叶对照，可以看出前者向后者演变的线索。（摹自鲍鼎、刘敦桢、梁思成《汉代的建筑式样与装饰》插图）

在北周窟所画的金刚宝座塔中，主塔有一层仰月，四隅小塔则各有二层。彩带及铁锁链均系于仰月，颇疑仰月即由系彩带铁链的构件演变而得。

7. 宝瓶或宝珠： 位于塔刹的最顶端，见于印度的窣堵坡。

我国早期塔的塔刹大多均有宝瓶或宝珠，唯平城石塔不见宝珠，不知现存塔刹有无残损，是否原状？《洛阳伽蓝记》中亦载永宁寺塔"刹上有金宝瓶，容二十五石"，可见刹顶用宝瓶或宝珠为早期塔刹的制度之一。

8. 火焰： 置于刹顶，取代了宝瓶或宝珠的位置，见于敦煌壁画的佛塔塔刹。

五、唐以后砖石质塔刹形制之演变

⊚ 筑境 中国精致建筑100

图5-1　潮州葫芦山普同塔
位于广东潮州西湖山南麓，建于清顺治十年（1653年），平面六角，七层，高3.12米。上为葫芦形塔刹。

图5-2　南京栖霞寺舍利塔塔刹/对面页
塔刹为近代修配。它已无原窣堵坡的形象了。

唐代佛教广为流传，佛塔的修建更加普遍，这就进一步加快了塔刹中国民族化的步伐。砖石质的塔刹为了便于加工和砌筑，不似金属塔刹那样工艺精巧、难以制作，故进一步脱离了印度窣堵坡的原型，出现了多种多样的形式，呈现了百花齐放的局面。

就河南安阳宝山灵泉寺的龛形唐塔而论，风格明显比唐前变得华丽，已出现脱离印度窣堵坡的原型的倾向。一些部分塔刹已无覆钵，另一些部分塔刹已无相轮，大部分塔刹均无基座。

若以现存其余唐塔而言，我国早期塔刹中的基座、覆钵、相轮这三个来自窣堵坡原型的基本部分，在唐代砖石质塔刹中，已部分甚至全部被抛弃。覆钵多已不设，或虽略有其形，而遍饰莲瓣，故貌似而神非，仅少数塔刹真正设置了覆钵。现存唐塔砖石质塔刹几乎都无相轮。广西桂林木龙洞石塔瓶身上有相轮十二层，加宝盖当为十三层（宝盖与相轮同为一体

的做法），可知其相轮和宝盖为喇嘛塔之十三天，其刹仅为一葫芦形宝瓶而已。唐建广州光孝寺六祖瘗发塔的塔刹也是一个葫芦形宝瓶。这种葫芦形宝瓶已完全没有佛教的含义，既可以用于道教建筑，也可以在一般亭阁式建筑中作为宝顶。这葫芦本为道教的法器，佛塔以葫芦为刹，与唐以后佛道合流的背景是完全吻合的。

因此，可以认为，砖石质塔刹民族化的演变在唐代已大体上完成。唐以后的砖石质塔刹，虽仍有一些略存古意者，但大多已不再有窣堵坡的形象了。

六、金属制作的塔刹形制的演变

佛塔与塔刹　　刹形制的演变　　金属制作的塔

筑境
中国精致建筑100

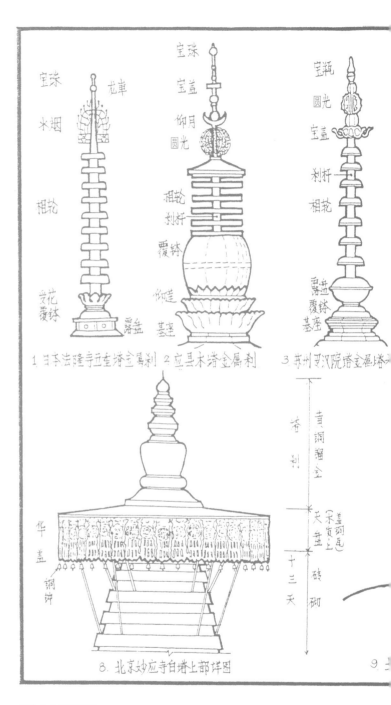

1 日本法隆寺五重塔金属刹　2 应县木塔金属刹　3 苏州玄妙院塔金属塔

8. 北京妙应寺白塔上部详图

图6-1 金属制塔刹
金属制塔刹可分为楼阁式、密檐式塔与喇嘛塔两大类，各有不
同特点。金属制塔刹可以制作得十分精致，如同工艺美术品。

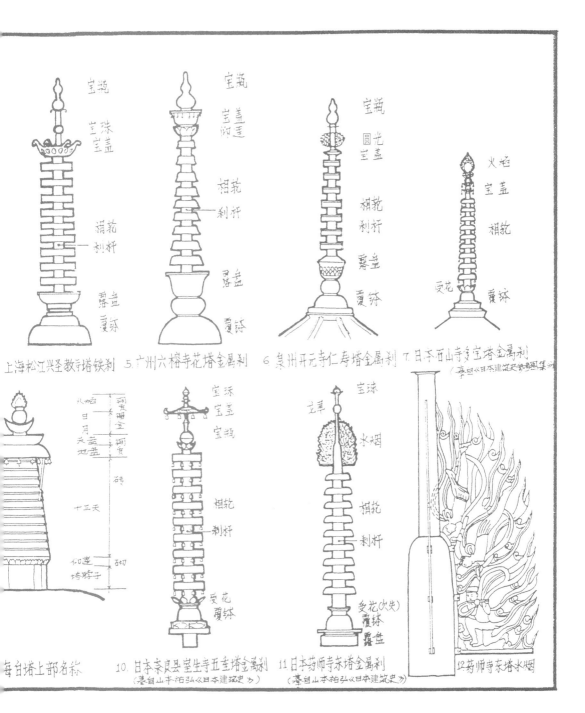

上海松江兴圣教寺塔铁刹　5. 广州六榕寺花塔金属刹　6. 泉州开元寺仁寿塔金属刹　7. 日本石山寺多宝塔金属刹
（摹自《日本建筑史图集》）

藏式塔上部名称　10. 日本奈良县室生寺五重塔金属刹　11. 日本药师寺东塔金属刹　12. 药师寺东塔水烟
（摹自山本拍弘《日本建筑史》）（摹自山本拍弘《日本建筑史》）

069

金属制作的塔刹，工艺过程比砖石质塔刹复杂，却可以做得极为精致、美观，且坚固、耐久，故多用于楼阁式、密檐式塔顶，以及高大的喇嘛塔顶。

楼阁式塔和密檐式塔的金属塔刹，也是由印度窣堵坡缩型演变而得。我国现存的这类塔的金属刹，多为辽、宋以后之物，缺少唐和唐以前的实例。日本的楼阁式塔传自我国，由我国经朝鲜传入日本；日本现存的楼阁式塔金属刹年代有相当于我国隋、唐、宋代者，可作为研究形制演变的重要依据。

日本的法隆寺五重塔建于日本飞鸟时代（538—644年），准确的建筑年代有两种说法：一说为推古15年（607年）所建，一说现塔为天智9年（670年）烧毁后重建之物。按第一种说法的年代相当于我国隋代（589—618年），按第二种说法的年代则相当于我国的初唐。其塔刹保持了飞鸟时代的风格。日本药师寺东塔建于8世纪初，保持了白凤时代（645—709年）的建筑风格，其年代相当于我国的盛唐。日本室生寺五重塔建于天长五年（828年），相当于我国的晚唐。日本石山寺多宝塔建于建久4年（1193年），相当于我国的南宋时期。

我国现存密檐式和楼阁式塔金属塔刹中，唐代塔刹多已损毁，现存者多为后世重建之物。比如大理千寻塔，建于南昭保和年间（824—839年），相当于唐穆宗长庆四年

图6-2 大理崇圣寺千寻塔塔刹／上图

千寻塔建于唐，1925年塔刹震落。现塔刹为近年复
原，由莲花座、刹杆、相轮、宝盖、宝顶组成。

图6-3 正定澄灵塔塔刹／下图

正定临济寺澄灵塔，建于唐咸通八年（867年），
1966年塔刹震毁，现刹为1985年复原，由露盘、
刹杆、相轮、宝盖、宝珠组成，相轮呈纺锤形。

图6-4 大理佛图塔塔刹
佛图塔为唐建，塔刹于
1925年震毁，现刹为近
年修复，由莲座、刹杆、
相轮、宝盖、宝珠组成。

（824年）至唐文宗开成四年（839年），1925
年地震塔刹震落，现塔刹为近年复原。河北
正定临济寺澄灵塔，建于唐咸通八年（867
年），塔刹于1966年震毁，现刹为1985年
复原。大理佛图塔（又名蛇骨塔）建于唐代
（618—907年），1925年洱海地震中，塔刹大
部分铜构件震落。现刹为近年复原，由莲座、
刹杆、相轮、宝盖、宝珠组成。大理弘圣寺
塔，建于唐代晚期，其塔刹为铜刹，置铜覆钵
上，由莲花座托、中心柱（刹柱）、相轮、伞
盖、葫芦宝项组成。伞盖为八角形，角上挂有
风铎。目前尚未见其塔刹毁坏重建记载，或许
它是唐建时原物。大理崇圣寺三塔中的两座小
塔，是五代（907—960年）建筑，其塔刹下为
两个互相衔接的铜葫芦，上有伞盖，最上面又
为一铜葫芦。

图6-5 大理弘圣寺塔塔刹/上图
塔建于唐东，塔刹由莲花座托、刹杆、相轮、伞盖、葫芦宝顶组成

图6-6 大理崇圣寺小塔塔刹/下图
大理三塔中的两座小塔，建于五代，塔刹由伞盘和三个相互衔接的铜葫芦组成。

佛塔与塔刹 　刹形制的演变 　金属制作的塔

图6-7

苏州罗汉院双塔塔刹/上图

塔建于北宋太平兴国七年（982年），铁铸塔刹，由基座、覆钵、露盘、刹杆、相轮、宝盖、圆光、宝瓶组成。

图6-8

泉州开元寺仁寿塔塔刹/下图

塔为南宗所建，塔刹为铁铸，高达11米，由覆钵、露盘、刹杆、相轮、宝盖、圆光、镏金铜葫芦宝瓶组成。

图6-9 几种塔刹/右上图
银川承天寺塔和海宝塔塔刹的绿琉璃砌筑，一为锥形上立一宝瓶，一为桃形，有伊斯兰教装饰风味。苏州报恩寺塔塔刹相轮呈纺锤形。杭州六和塔塔刹为元代之物，须弥座、覆钵之上为一葫芦。

图6-10 苏州报恩寺塔塔刹/左下图
塔建于南宋，塔刹由覆钵、露盘、刹杆、纺锤形相轮七层、宝盖、宝瓶组成。

图6-11 广州花塔塔刹/右中图
花塔在广州上榕寺内，建于北宋，塔刹为元至正十八年（1358年）建造，由覆钵、露盘、刹杆、相轮、仰莲、宝盖、宝瓶组成。

图6-12 上海松江方塔塔刹/右下图
上海松江兴圣教寺塔，又称松江方塔，北宋建，塔刹为清乾隆三十五年（1770年）之物，由覆钵、露盘、刹杆、相轮、宝盖、宝珠、宝瓶组成。

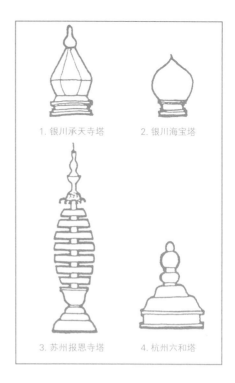

1. 银川承天寺塔　　2. 银川海宝塔

3. 苏州报恩寺塔　　4. 杭州六和塔

佛塔与塔刹　｜　刹形制的演变　金属制作的塔

　　苏州罗汉院双塔，又称双塔寺双塔，建于北宋太平兴国七年（982年），塔刹高大粗壮，为铸铁所造；应县木塔，建于辽清宁二年（1056年）；泉州开元寺仁寿塔，建于南宋绍定元年至嘉熙元年（1228—1237年）。苏州报恩寺塔，又名北寺塔，建于南宋绍兴年间（1131—1162年），其塔刹相轮呈纺锤形。广州六榕寺花塔，建于北宋绍圣四年（1097年），铜质塔刹则为元至正十八年（1358年）的遗物。杭州六和塔，建于南宋绍兴二十六年（1156年），其塔刹则是元代的遗物。上海松江兴圣教寺塔，建于北宋熙宁至元祐年间（1086—1094年），现存塔刹为清乾隆三十五年（1770年）的遗物，铁制。

　　从实例可知，楼阁式、密檐式塔的金属塔刹从隋唐至辽、宋之初，均保持了我国早期塔刹的形制，实例中均有基座、覆钵及相轮这三个由窣堵坡原型演变而得的基本部分。由南宋至元明清，一部分金属塔刹已不用须弥座，但尚有覆钵、相轮，一部分金属塔刹则已无相轮，甚至只用一个金属葫芦为塔刹，这种塔刹自然失去了佛塔塔刹的宗教含义。

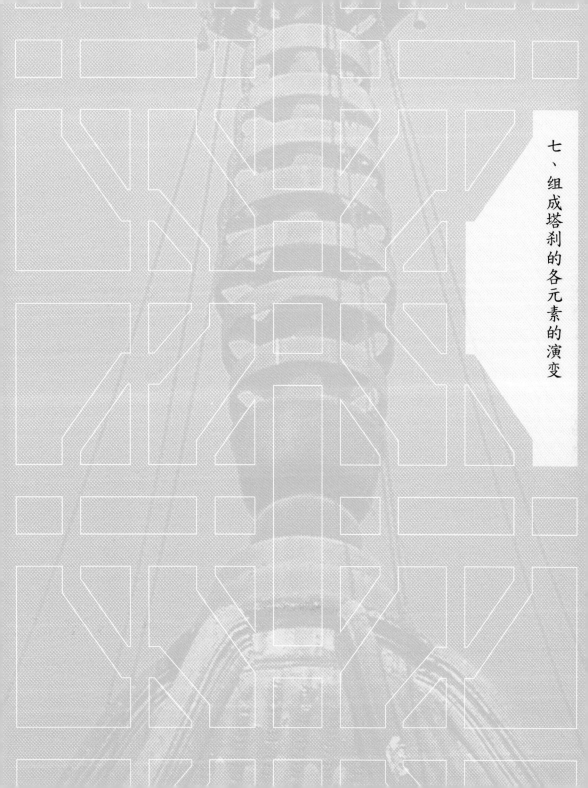

七、组成塔刹的各元素的演变

1. 基座：由隋唐至辽宋之初，塔刹的下部均有基座。日本塔刹称基座为露盘。

露盘本非佛教之物，我国西汉武帝曾做承露盘以承甘露，以为服食之可以益寿延年。据《汉书·郊祀志》："又作柏梁、铜柱、承露、仙人掌之属矣。"颜师古注引《三辅故事》："建章宫承露盘，高二十丈，大七围，以铜为之，上有仙人掌承露，和玉屑饮之。"塔刹之露盘名称，或由此故事而得。

南宋以后的金属刹有许多已无基座。

2. 覆钵：历代金属刹多有覆钵，唯明、清部分金属刹以葫芦为刹，不用覆钵。

3. 受花：即砖石质刹上的山花蕉叶，隋唐的金属刹在相轮下置受花。辽应县木塔塔刹覆钵下的仰莲，也是受花，相当于砖石质覆钵下的山花蕉叶。我国宋以后的金属刹均无受花。

4. 露盘：中国现存金属刹中的露盘位于相轮之下，正好取代了受花的位置，或许由于受花难以制作，又较易损坏，因而用圆盘取代之而得。确否待考。

5. 相轮：元以前的金属刹均有相轮，元明清的部分金属刹也有相轮。相轮的数目一般为阳数，有五层、七层、九层几种。相轮一般下边略大些，上边渐次略为收小些。也有上下大小完全相同的，如应县木塔和室生寺五重塔的相轮即上下同径。苏州报恩寺塔的相轮上下小、中间大，呈纺锤状。这种样式早在北魏嵩岳寺塔的相轮上已出现。日本室生寺五重塔及石山寺多宝塔相轮上都挂有金铎。《洛阳伽蓝记》载永宁寺塔"承露金盘三十重，周匝皆垂金铎。"可知相轮下有金铎乃塔刹早期之制。

6. **水烟和圆光**：不见于印度窣堵坡，为中国塔刹特有之物。据刘敦桢先生考证，水烟应是图案化之火焰，因厌胜之故，改为水烟。日本奈良的法隆寺五重塔和药师寺东塔的塔刹均有水烟。值得一提的是，药师寺东塔的水烟，由透雕的飞天乐使组成，图案十分优美，被称为"凝固的音乐"，誉为"日本建筑艺术之花"。我国辽、宋塔刹上的圆光，无疑是由早期的水烟演变而得。元代以后，塔刹上多无圆光、水烟。

7. **仰月**：早期见于敦煌北周壁画中的金刚宝座塔，现存楼阁式金属制中很少见，应县木塔塔刹为一例。

8. **宝盖**：多置于塔刹上部、相轮和宝珠（宝瓶）之间。其作用多用于挂铁锁链的固定塔刹上部，使塔刹不致因狂风或地震而动摇坠落。一般有轮的金属刹均有宝盖，唯最早的法隆寺五重塔和药师寺东部却无，这与日本这两塔都采用巨大的、贯通上下的中心柱、塔刹固定在中心柱上稳定性较好有关。

到后来塔的结构发生了变化，不再采用贯通上下的中心柱，如日本石山寺多宝塔的塔刹固定在刹柱上，稳定性不如固定在中心柱上，故用宝盖铁链加固。

9. 宝珠或宝瓶：多置于塔刹的最上端，唯室生寺五重塔宝瓶置于宝盖之下，甚为罕见。

10. 龙舍：相轮与最上端宝珠或宝瓶之间的圆球状物；即龙舍。由登封嵩岳寺塔在塔刹内发现两座天宫，一座在宝珠中部，一座在相轮的中部，颇疑龙舍或为早期塔刹之天宫。日本古代建筑往往保留了中间古代建筑的更早期的制度，因此日本塔刹对研究我国早期塔刹形制很有参考价值。

11. 火焰：置于塔刹最上端，取代宝珠或宝瓶的位置，见于石山寺多宝塔。

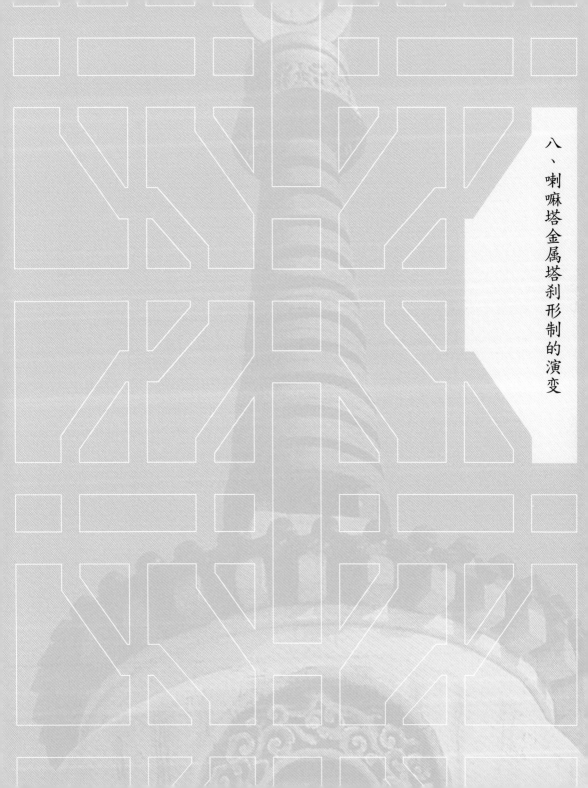

八、喇嘛塔金属塔刹形制的演变

⊛ 筑境 中国精致建筑100

图8-1 北京妙应寺白塔塔刹
该塔由尼泊尔匠师阿尼哥设计，于元至元十六年（1279年）建造。十三天上为华盖，上为塔刹，它是由基座、瓶身、三层相轮、宝珠构成的黄铜镏金的一座小窣堵坡。

图8-2 西藏江孜白居寺塔塔刹/对面页
塔在西藏江孜白居寺，建于明代，塔刹与北京妙应寺的塔相似，为一小型镏金窣堵坡。（翻拍于《中国古建筑之美·佛教建筑》，中国建筑工业出版社）

　　我国现存喇嘛塔用金属刹的实例中，最早的当属北京妙应寺白塔，是由尼泊尔匠师阿尼哥设计，于元至元十六年（1279年）建造的，其塔刹为一黄铜镏金的小型窣堵坡，由基座、瓶身、三层相轮、宝珠构成；仍存古意。1979年在这小型窣堵坡内发现乾隆所赐的僧冠僧服、经书和多种文物，这是塔刹内有天宫的又一例子。

　　西藏江孜白居寺塔，又称班根曲登塔，始建于明永乐十二年（1414年），为砖结构的喇嘛塔，塔身以上为方形塔脖子、十三天、宝盖、上亦以镏金小型窣堵坡为刹，与妙应寺白塔塔刹相似。

　　从明代起，喇嘛塔的金属塔刹的形制开始演变。明建的北京潭柘寺墓塔，在十三天之上冠以铜制镏金的宝盖及仰月宝珠，小型窣堵坡为仰月宝珠所取代。

佛塔与塔刹　刹形制的演变　喇嘛塔金属塔

⊚ 筬境　中国精致建筑100

图8-3　北海白塔塔刹／上图

塔在北京北海公园琼华岛之巅，建于清顺治八年（1651年）。
真塔刹为铜质的仰月、宝珠和大焰（俗称日月刹）。

图8-4　扬州莲性寺白塔塔刹／下图

塔在扬州瘦西湖畔，建于清乾隆年间，塔刹为一铜质葫芦形宝瓶。

图8-5 承德普陀宗乘之庙过街塔之一的塔刹/上图
该过街塔共五塔，这是五塔之一的塔刹，十三天之上为
宝盖（俗称天、地盘），上为仰月、宝珠、火焰组成为
塔刹，俗称"日月刹"。

图8-6 承德普宁寺大乘之阁前台塔之塔刹/下图
其前台塔共两座，这是东侧前台的塔刹，亦为日月刹。

图8-7 夏河拉卜楞寺大喇嘛塔塔刹/上图
该塔的十三天细长，上面为镏金的天地盘（华盖）和日月刹。

图8-8 西宁塔尔寺天文塔塔刹/下图
该塔建于民国，十三天粗硕，以镏金铜构件制作，以上宝盖和
日月刹均为镏金制作，显得金碧辉煌，格外好看。

筑境　中国精致建筑100

图8-9 西宁塔尔寺过门塔塔刹

该塔的眼光门（佛龛）、瓶身上沿以及十三天均以黄、绿、棕红等颜色装饰，宝盖镏金，日月刹呈银白色，可谓五彩缤纷，与其他塔刹相比，别具风采。

图8-10 承德普乐寺阇城喇嘛塔塔刹/对面页

普乐寺阇城有八座琉璃喇嘛塔，分黄、紫、青、黑、白五色，均有四只塔耳。塔耳形饰俗称汾阳笠或范阳笠形饰，或称垂耳饰。

清顺治八年（1651年）所建的北海白塔，塔身之上为塔脖子、仰莲、十三天，再上为铜质宝盖（天盘、地盘），冠以铜质镏金的仰月、宝珠和火焰（俗称日月刹）。

清乾隆年间（1736—1795年）所建的扬州莲性寺白塔，塔刹则为十三天、宝盖之上的铜质葫芦形宝瓶而已。

清代大多数喇嘛塔的金属塔刹均与北海白塔相同或近似，如河北承德普陀宗乘之庙过街塔的塔刹、普宁寺大乘之阁的前台塔的塔刹、甘肃夏河拉卜楞寺大喇嘛塔塔刹、青海西宁塔尔寺天文塔塔刹、塔尔寺八座如意塔及过门塔塔刹、西藏拉萨哲蚌寺佛塔的金属塔刹均如此。

北京清净化城金刚宝座塔的主塔为喇嘛塔，塔身以上为塔脖子、仰莲、十三天、宝盖，上置镏金莲花宝瓶，十三天两旁饰以镏金垂耳。垂耳饰多见于小型金属喇嘛塔，俗称汾阳笠或范阳笠形。清乾隆年间所铸故宫金发塔的十三天两旁均有垂耳饰。

除金属喇嘛塔刹上有用垂耳（或称塔耳）的例子外，石质喇嘛塔刹也有用垂耳的，如清康熙年间（1662—1722年）所建的呼和浩特席力图召塔即有双塔耳，山西五台龙泉寺普济和尚塔建于清乾隆前后，全部以汉白玉雕砌而成，伞盖下相轮两侧施用两只塔耳。而承德普乐寺阁城喇嘛塔为玻璃塔，有黄、紫、黑、青、白五色，但形制均相同，均有四只塔耳。

由现存的实物来看，喇嘛塔的金属刹由元代的一个小型窣堵坡演变为清代的日月刹和铜葫芦刹，这就是其演变的全过程。结合砖石质塔刹部分地演变为葫芦刹，以及楼阁式塔、密檐式塔金属塔刹部分地变为金属葫芦刹来看，其演变过程是有一定的规律可循的。在整个演变的过程中，塔刹的窣堵坡原型逐渐由具有中国特色的部分所取代，这就是塔刹逐渐中国化的过程。

九、中国佛塔塔刹的民族特色及地方特色

在研究了塔刹逐渐中国化的过程后，有必要对塔刹的民族特色和地方特色给予注意。

1. 塔刹的民族特色

蒙古族、藏族、纳西族多信奉藏传佛教，建的佛塔为喇嘛塔，塔刹多为日月刹，有的带有双塔耳，具有鲜明的民族特色。同样是喇嘛塔，建于广西桂林的木龙洞石塔采用葫芦形宝瓶作塔刹,建于扬州的莲性寺白塔亦用铜质葫芦形宝瓶作塔刹，在汉族聚居之地，以汉族人熟悉的葫芦形宝瓶取代了藏蒙民族所用的日月刹，这应该如何解释？喇嘛教尊崇毗卢遮那佛即大日如来为最高本尊，大日如来又称"遍照如来"，即从如实之道而来的最高太阳神。因此喇嘛塔采用日月刹，正体现了喇嘛教的太阳崇拜的文化内涵。崇月高日为藏族人的文化传统，也是蒙古人的文化传统，因此，日月刹正体现了藏、蒙民族的文化传统。汉族地区建喇嘛塔，他们按自己的文化观念来改造喇嘛塔。葫芦是生殖崇拜的象征物，后来演变为道教的法器，成为汉族文化中的吉祥物，以葫芦形宝瓶取代日月刹，能为汉族民众理解和接受。这个例子，充分说明塔刹的演变过程不仅是一个中国化的过程，也是一个民族化的过程。

在云南西双版纳等傣族聚居之地，其佛塔形式与其他地方不同，具有鲜明的民族特色，其塔刹也是如此。

傣族佛塔的塔刹包括莲座、相轮、刹杆、

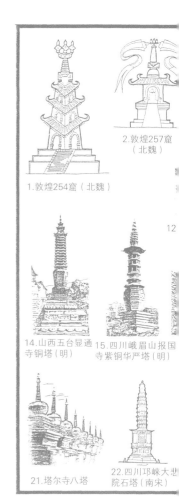

1.敦煌254窟（北魏）

2.敦煌257窟（北魏）

14.山西五台显通寺铜塔（明）

15.四川峨眉山报国寺紫铜华严塔（明）

21.塔尔寺八塔

22.四川邛崃大悲院石塔（南宋）

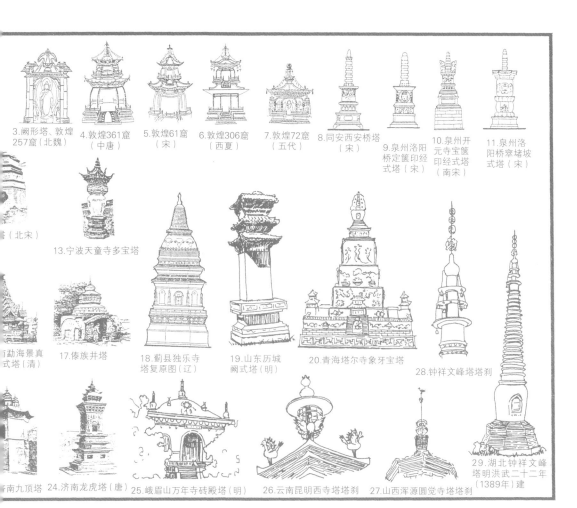

3.阙形塔、敦煌257窟（北魏）
4.敦煌361窟（中唐）
5.敦煌61窟（宋）
6.敦煌306窟（西夏）
7.敦煌72窟（五代）
8.同安西安桥塔（宋）
9.泉州洛阳桥定篋印经式塔（宋）
10.泉州开元寺宝篋印经式塔（南宋）
11.泉州洛阳桥窣堵坡式塔（宋）

（北宋）

13.宁波天童寺多宝塔

17.傣族井塔

18.蓟县独乐寺塔复原图（辽）

19.山东历城阙式塔（明）

20.青海塔尔寺象牙宝塔

28.钟祥文峰塔塔刹

勐海景真式塔（清）

南九顶塔

24.济南龙虎塔（唐）

25.峨眉山万年寺砖殿塔（明）

26.云南昆明西寺塔塔刹

27.山西浑源圆觉寺塔塔刹

29.湖北钟祥文峰塔明洪武二十二年（1389年）建

图9-1 各种塔和塔刹

本图显示了各种风采独特的塔与塔刹。（资料来源：罗哲文、中国古塔、华艺出版社，1990；萧默、敦煌建筑研究，文物出版社，1989；徐华铛，中国古塔，轻工业出版社，1986；方拥、杨昌鸣，闽南小型石构佛塔与经幢，古建园林技术；41:56）

图9-2 昆明妙湛寺塔塔刹
塔始建于南诏时期（618—907年），明代重修。塔顶四角各有一只"金鸡"，实为大鹏金翅鸟。

华盖、宝瓶以及风铎等几个组成部分。塔刹与塔身之间通常有一覆钟状体积作为过渡，莲座呈仰莲状，承托着一圆形锥状体，然后是由大到小多层相轮。相轮之上再置宝瓶，金属刹杆耸出于宝瓶之上，刹杆上有金属环片制成的华盖（又称宝伞），华盖顶端还有火焰宝珠或小塔之类的装饰。德宏地区的佛塔则常在刹尖加设风铎。

2. 塔刹的地方特色

除民族特色外，塔刹还有其地方特色。

宁夏银川的承天寺塔和海宝塔的塔刹均无相轮、华盖等，分别以绿琉璃砖砌筑，一为锥形上立一宝瓶，一为桃形，有伊斯兰教装饰风味。宁夏同心韦州古塔的塔刹形制仿海宝塔风格。这种风格形成宁夏塔刹的地方特色。

苏州报恩寺塔的相轮呈纺锤形。此外，

图9-3 昆明西寺塔塔刹
塔建于南诏丰祐年间（824—859年），明代重修。塔顶四角各有一只金鸡。

山东济南长清灵岩寺辟支塔、扬州文峰塔、上海龙华塔、嘉定法华塔、镇江金山寺慈寿塔、南京三藏塔，浙江盐官镇海塔、湖州飞芙塔、福建仙游龙华寺双塔、安徽潜山县觉寂塔等塔刹相轮均呈纺锤形。这些塔分布在我国华东地区，虽然其他地方也有相轮呈纺锤形的塔刹（如河南、河北等地），但数量较少。云南的塔刹也有若干相轮呈纺锤形，但其纺锤形较粗短，风格也不同。因此，可以认为，相轮呈纺锤形为我国华东地区塔刹的特色之一。

云南大理、昆明一带，密檐式塔或楼阁式塔的塔顶除塔刹外，塔顶四个转角各有铁鸟饰一只。昆明妙湛寺塔，建于南诏时期，明代重修，塔顶四角各立一金鸡。始建于南诏而明代重修的慧光寺塔（西寺塔）的塔刹四角，以及建于南诏，清光绪十三年（1887年）重建的昆明市常乐寺塔（东寺塔）的塔刹四角，元代所建云南陆良千佛塔的塔刹旁的塔顶南边两端，均有同样的做法。大理千寻塔等原也有此塔饰。李元阳《云南通志·寺观志》称千寻塔："错金为顶，顶有金鹏，世传龙性敬塔而畏鹏，大理旧为龙泽，故以此镇之。"由记载可知，云南塔顶的金鸡实为大鹏金翅鸟，在佛教经典中为八部众之中的天龙八部之一。金翅鸟，藏语称"嘎勒代"，梵语称"迦楼罗"（Garuda），音译为"迦留罗"、"迦娄罗"、"揭路荼"、"伽楼罗"、"俄嗜那"、"蘗嗜拿"等；旧辞称"金翅鸟"，又译为"妙翅鸟"、"顶瘿鸟"。在佛教传入前，滇文化中有金鸡和神鸟崇拜，佛教传入后，佛教文化与滇文化融合，因此出现塔顶的金鸡，所以云南见到的迦楼罗大都为似鸡形的，这成为云南塔刹的地方特色。

图9-4 昆明东寺塔塔刹
塔始建于唐大中八年（854年），清光绪九年至十三年（1883—1887年）重建，塔顶有四只金鸡。

十、形制独特的塔刹

我国的佛塔不仅塔的形制有别，有许多独特的形制，而且塔刹也有别，有许多形制独特的塔刹。

1. 特别高大的塔刹

苏州罗汉院双塔，塔刹为铁制，特别高大，约占金塔高的四分之一。它保存了汉晋南北朝以来的大型塔刹的古制。为安置巨刹，长大的刹柱从塔顶插至第六层，并以巨梁承托。

江苏常熟兴福寺方塔，铁制塔刹高大雄伟，约占全塔高度的五分之一。刹柱由塔顶穿八、九层至第七层。

福建泉州开元寺双塔的铁刹十分高大，其中，仁寿塔高44.98米，铁刹高11米,约占全塔高的四分之一，故在塔顶的垂脊上系铁链八条拉护，以使之稳固。

2. 以金刚宝座塔作塔刹

早期的例子有印度菩提迦耶佛祖塔，本身为金刚宝座塔，中间主塔之刹又为一金刚宝座塔。

山西洪洞县广胜寺飞虹塔的塔刹亦是如此，主塔居中为主体，四小塔分立四隅，均为喇嘛塔形式。峨眉山万年寺无梁殿塔为另一例子。

3. 塔刹顶上有一风向标铁鸟

建于金正隆二年（1158年）的山西浑源圆觉

寺塔，铁刹的顶端有一铁鸟，可以随风旋转，作为指示风向之用。

以金鸡朱雀作为脊饰，汉代已常见。广州怀圣寺光塔，宋代时，"绝顶有金鸡勘钜"（《桯史》），也是用作风向标的。但光塔为伊斯兰教之塔。

4. 刻经的塔刹

湖北沙市万寿宝塔，建于明嘉靖三十一年（1552年），顶置铜铸镏金塔刹，上刻《金刚经》全文，甚为罕见。

5. 无塔刹的卵形塔

湖北黄梅众生石塔（唐）、云南大姚白塔（唐）、宁波天童寺妙光石塔（南宋）、河南嵩山少林寺衍公长老塔（金）、铸公禅师塔（金）均以须弥座承托一卵形石或卵形砖砌体。此种塔乃从印度窣堵坡演化而得，只是无相轮塔刹。此类塔又称为无缝塔，或称卵塔。印度婆罗门教等也有窣堵坡崇拜，只是窣堵坡上无相轮。佛教密宗吸收婆罗门教的教义，我国此类塔是否受到婆罗门教影响，待考。

6. 以九塔为刹的济南九顶塔

该塔位于济南历城县灵鹫山之山腰，砖砌八角形，塔顶分建九个密檐式塔，中间一塔较大。它应是佛国九山八海宇宙图式的象征表达。

7. 湖北钟祥文峰塔的奇特塔刹

该塔位于湖北钟祥县城东。相传创建于唐广明元年（880年）明洪武二十二年（1389年）重建。该塔形似喇嘛塔，但一无塔脖子，上也不是十三天，而是二十一层相轮。其塔刹也十分奇特，刹杆串以三层宝盖，上面还嵌了三个"元"字，宝盖之上为一宝瓶，上串水烟饰。

文峰塔属风水塔，自宋代开始出现，它是释道儒"三教合一"的思想影响下的产物。风水塔中，有部分仍采用佛塔之刹，但有相当部分离开佛塔塔刹的窣堵坡原型，部分仅以一金属葫芦为刹。钟祥文峰塔塔刹上的三个"元"字，道教指"天、地、水"或"日、月、星"为三元，儒教指乡试、会试、殿试第一名的解元、会元、状元为三元。钟祥文峰塔的塔和塔刹充分体现了三教合一的思想。

8. 以猴子为刹为湖南邵阳猴子塔

塔在湖南邵阳市九井湾后面的山上，建于清乾隆三十九年（1774年）。塔平面方形，七层，高15米，砖结构，楼阁式实心塔。塔顶以0.7米高大理石雕成的猴子为刹。石猴蹲在塔顶，栩栩如生，托腮远眺，神态可爱。为何以石猴为刹，原因不详。这是全国唯一以石猴为刹的塔。

十一、塔刹的演变
——中国文化发展演变的缩影

佛塔之刹是佛国的符号。它的原型是印度的窣堵坡。印度在佛陀之前已有窣堵坡崇拜。婆罗门教与耆那教均有窣堵坡崇拜。由于佛陀在菩提树下悟道，佛塔上部出现了象征菩提树崇拜的世界之树——伞轴和三层华盖，即我们称之为相轮的象征物，它是佛教窣堵坡特有之物，是它区别于其他教派窣堵坡的象征物。印度的佛教窣堵坡是佛陀崇拜的产物，是纪念性建筑。原始佛教的教义虽基本上为无神论，但在印度这个多神的国度里，佛陀圆寂后便开始被神化，婆罗门教的思想开始渗入佛教，其宇宙论为佛教哲理打开了一个新的天地。古印度雅利安人的宇宙图式曼荼罗进入了佛教窣堵坡的规划设计，使窣堵坡具有了丰富的象征意义，使朝圣者受到佛教文化的熏陶、感染、置身佛国宇宙之中，倍增对佛教和佛陀的崇敬。其中，柬埔寨吴哥古迹和印尼婆罗浮屠皆为宗教艺术瑰宝，与埃及金字塔、中国的长城同列为古代东方四大奇迹。

中国的佛塔是中印建筑文化交融的产物，是古代象征主义和符号学成功应用的佳例。

中国佛塔的塔刹最初就是一个小型的印度佛教窣堵坡，它由基座、覆钵、相轮、宝珠（或宝瓶）构成。后来塔刹中逐渐加进了中国式的内容，如山花蕉叶（受花）、露盘、水烟或圆光、日、月等部分，形成了具有中国特色的佛塔塔刹。

砖石造的塔刹从唐代起逐渐脱离了窣堵坡

原型，金属制的塔刹则从元代出现这种情况。塔刹逐渐演变的过程，也是塔刹的逐渐中国化的过程，也是其宗教含义逐渐减弱而世俗化的过程。这与自唐代起，儒、道、释三教合一的趋势是大致同步的，宋代至明清大量兴建的风水塔即为三教合一的潮流的产物。前述钟祥文峰塔即为其中之一。

塔刹是佛国的符号，是文化的象征物。

文化相互交融是世界性的现象，印度的佛教、婆罗门教如此，中国的儒、道、释以及伊斯兰教也如此，世界各国、各地区、各民族的文化也如此。文化既有源远流长的纵向的承传，又有不同文化的横向交融，从而开出色彩缤纷的文化奇葩，结出甜美丰硕的文化之果。佛塔的产生、发展、演变就是明证。佛塔塔刹的演变，正是中国文化发展演变的缩影。

大事年表

朝代	公元纪年	大事记
东汉	约前1500—前600年	在印度吠陀时期，有窣堵坡崇拜，诸王死后均建窣堵坡
	约前565—前486年	佛教创始人释迦牟尼出生至圆寂，他35岁在一棵菩提树下悟道成佛，创立佛教，在恒河流域诸国说法
	约前268—前232年	印度孔雀王朝阿育王在位，他统一印度，以佛教为国教，建八万四千座窣堵坡，其中之一为桑契大窣堵坡。他派人到四面八方传布佛教
	68年	我国建立第一座佛寺——洛阳白马寺，佛塔为四方式，与印度窣堵坡不同
	25—220年	出现中国早期佛塔，即在中国式楼阁上部冠以小型窣堵坡，小型窣堵坡为佛塔之刹
北周	557—581年	敦煌428窟壁画中出现金刚宝座塔
唐	618—907年	桂林木龙洞石塔，建于唐，有十三天，上有一葫芦宝瓶刹，这或许是我国现存最早的一座喇嘛塔
		由唐代起，砖石塔的塔刹开始脱离窣堵坡的原型而逐渐中国化
元	1279—1368年	尼泊尔匠师阿尼哥到西藏和北京修喇嘛塔，其制为十三天之上冠以宝盖，上为塔刹——一个小窣堵坡
		从元代起，楼阁式密檐式金属塔刹进一步离开窣堵坡原型，有的演变为一个金属葫芦刹
明	1368—1644年	喇嘛塔出现日月刹
清	1644—1911年	喇嘛塔均为日月刹。扬州的塔为铜葫芦刹，汉地佛塔也有若干演化为仅一葫芦形宝瓶刹

图书在版编目（CIP）数据

佛塔与塔刹／吴庆洲撰文／摄影／制图.—北京：中国建筑工业出版社，2013.10
（中国精致建筑100）
ISBN 978-7-112-16070-9

Ⅰ.①佛… Ⅱ.①吴… Ⅲ.①佛塔－建筑艺术－中国－图集 Ⅳ.①TU-885

中国版本图书馆CIP数据核字（2013）第263581号

©中国建筑工业出版社

责任编辑：董苏华　张惠珍　孙立波
技术编辑：李建云　赵子宽
图片编辑：张振光
美术编辑：赵　清　康　羽
书籍设计：瀚清堂·赵　清　周伟伟　康　羽
责任校对：张慧丽　陈晶晶　关　健
图文统筹：廖晓明　孙　梅　骆毓华
责任印制：郭希增　臧红心
材料统筹：方承艺

中国精致建筑100

佛塔与塔刹

吴庆洲 撰文/摄影/制图

中国建筑工业出版社出版、发行（北京西郊百万庄）

各地新华书店、建筑书店经销

南京瀚清堂设计有限公司制版

北京顺诚彩色印刷有限公司印刷

开本：889×710毫米　1/32　印张：$3^1/_4$　插页：1　字数：129千字
2016年12月第一版　2016年12月第一次印刷

定价：**52.00**元

ISBN 978-7-112-16070-9
　　（24340）